25032

SEINE
IMPÉRIAL.
cen 1½
TIMBRE

SEINE
IMPÉRIAL.
cen 5
TIMBRE

# MIL HUIT CENT SOIXANTE-SEPT

# MIL HUIT CENT SOIXANTE-SEPT



Ton chiffre inabordable au vers alexandrin,
    O mémorable année !
Parmi ceux dont l'histoire inscrit de son burin,
    La date fortunée ;
A jamais brillera d'un éclat sans pareil !
Parmi des globes d'or, brille ainsi le soleil.


Miraculeux anneau de la chaîne infinie,
    Où Dieu rive les ans ;
Tu nous annonçais mal d'une aurore bénie,
    Les rayons bienfaisants...


Qui les eût devinés ?... Quand, avec la souffrance,
    Durant tes premiers jours,

1867

Luttait ce bel enfant, noble espoir de la France,
        Et ses jeunes amours !


Avec notre prière et nos plaintifs murmures,
        Alors vers Dieu montait,
Un hymne désolé, lancé par des voix pures !
        Chaque femme chantait :


Mon Dieu ! sauvez l'enfant de notre Impératrice !
        Elle a sauvé les miens !...
Épargnez notre auguste et sainte bienfaitrice,
        L'héroïne d'Amiens !...


Puis chaque enfant disait : Elle est la **Providence**
        Des orphelins; Seigneur !
Pour celle de son fils, prenez mon existence !
        Gardez-lui son bonheur !...


Un hosanna succède à ces plaintes amères !
        Ah ! les pleurs des enfants,
Ces anges de la terre, et les larmes des mères,
        Au ciel sont triomphants !


L'Eternel change en bien, s'il veut, le mal des choses !
Cette épreuve a montré ta vaillante douceur,
Prince !... Que Dieu toujours te fasse un doux vainqueur !
Et que ses chérubins, de leurs doigts blancs et roses,

Repoussant loin de toi la peine et la douleur,
Viennent à ton chevet, tandis que tu reposes,
Répandre sur ton corps et verser dans ton cœur,
Joie et santé, ces fleurs au paradis écloses !


Au dehors, dans ces temps aussi, de tous côtés.
Le monde frémissait au souffle des tempêtes ;
Un rapide ouragan apportait sur nos têtes
    Leurs foudres précipités...


Partout, sonne aussitôt le tocsin des alarmes,
Et partout y répond le cri fatal : Aux armes !...
A ce suprême appel, que la France approuvait,
Son peuple entier comme un seul homme se levait !...
De nos foyers sacrés, actives sentinelles,
Avant-postes ouvrant leurs ardentes prunelles,
Flandre, Lorraine, Alsace et Vosges, à ces cris,
Déployent les drapeaux où leurs noms sont écrits,
Et leurs fils, animés par d'héroïques flammes,
Montrant les sentiments qui font battre leurs âmes,
Volontaires soldats, désertent leurs sillons ;
Forment des francs-tireurs les vaillants bataillons,
Et rompant les faisceaux, dans une pose altière,
De notre territoire ils couvrent la frontière !
Dans leurs cités, leurs bourgs, dans leurs champs, en tout lieu,
Ils tiennent le fusil haut, prêts à faire feu.


    Mais le plus sage de nos sages,
    A, de son pouvoir souverain,

Su détourner les noirs orages,
Et nous rendre le ciel serein.
Toujours sans crainte et sans colère,
En face des hostilités ;
De l'entraînement populaire,
Il calma les vivacités ;
Et d'un peuple prompt à la guerre,
Peuple géant, dont les aïeux
Ne redoutaient rien sur la terre,
Pas même la chute des cieux !
Qui, de leurs bravades épiques,
Garde ces mots, en souvenir,
« Si le ciel tombe, avec nos piques
« Nous saurons bien le soutenir !.. »
Et qui depuis a, d'âge en âge,
Entassant exploits sur exploits,
Sans cesse agrandi l'héritage
Que lui léguaient les fiers Gaulois !
Qui, des armes, par habitude,
Adore les rayonnements....
Il arrêta la promptitude,
Apaisa les bouillonnements.


Ce n'est point par le glaive et par la mort des hommes,
Qu'on établit son droit dans le temps où nous sommes.
Lorsque se lève à l'horizon,
L'astre béni de la raison,
Ce n'est plus qu'en des cas extrêmes,
Et par tristes exceptions,
Qu'on doit risquer ces chocs suprêmes

Ou, se heurtent les nations,
Laissons les sanglantes batailles,
Qui ne profitent qu'aux vautours :
Ayons des armes à nos tailles !
Des combats dignes de nos jours !...
Dans cette nouvelle carrière,
Dieu ! quels triomphes enchantés !
Nous prenons au ciel sa lumière
Pour agent de nos volontés !
La foudre porte nos messages,
Et nous la manions sans peur !
Nous volons aux lointaines plages,
Sur les ailes de la vapeur !...
Dans ces combats remplis de charmes,
Et ne coûtant ni sang, ni larmes,
Terre ! mer ! électricité !
Soleil !... Vous êtes les armes,
Que nous fait la divinité !...
Voyons, pour la lutte féconde,
Si les cœurs sont assez mûris ;
Et donnons rendez-vous au monde,
Dans sa capitale ! Paris ! !.


Paris ! Magique empire ! ô pays des merveilles !
    O reine des cités !
Champ des rudes labeurs ! sol des ardentes veilles,
    Et des jours agités !


Moderne Chanaan ! L'humanité soumise
    A ta suprême loi,

Ainsi que les Hébreux vers la terre promise,
    Tourne ses yeux vers toi !


Toi seul, de tout succès et de toute victoire,
    Tu décernes le prix !
A ton gré, sur les fronts tu consacres la gloire,
    Ou jettes le mépris !


Avant ton jugement, triomphes et défaites,
    Rien n'est encor certain :
Tu parles !.. tout est dit... et comme tu nous traites,
    C'est l'arrêt du destin.


Paris ! Circé chrétienne ! ô fée enchanteresse !
    On ne peut te quitter,
Sitôt que l'on t'a vu, sans pleurer de tendresse,
    Et sans te regretter...


Tête de l'univers ! d'où la pensée humaine
    Jaillit incessamment.
Pour aller féconder tout esprit, ton domaine,
    De son rayonnement !


Ah ! si parfois elle a, dans cette course agile,
    Mêlé le mal à ses bienfaits ;
Qu'importe !.. La pensée est la lance d'Achille !
    Guérissant les maux qu'elle a faits...

Cependant, à l'appel de cette voix auguste,
    Qui n'a pour inspirations,
Que le désir du bien et que l'amour du juste ;
    Ont répondu les nations :


Et toutes ont pris part aux fêtes Olympiques !
    Voici venir peuples et rois !...
Près de ceux d'aujourd'hui qu'étaient vos jeux antiques !
    O Grecs et Romains d'autrefois !


Au lieu des envoyés de quatre ou cinq provinces,
Nous voyons dans nos murs se rassembler les princes,
Les savants, les héros, les rois de l'univers !...
Homère seul eût pu les nombrer dans ses vers !...
De Prusse, de Belgique, et d'Autriche et d'Espagne,
Du Portugal, des Grecs... Ce sont les potentats !...
Voici le fils aîné de la Grande-Bretagne,
Et celui d'Italie, et les chefs des états
Que dans son vaste sein renferme l'Allemagne !...
Voici du Taïcoun, le frère et l'héritier !
Spectacle fabuleux ! dans ce brillant quartier
De la superbe ville, autour des Tuileries,
On se croit le jouet de folles rêveries...
A chaque pas, de rois se trouve un embarras ! (1)
C'est le prince Roumain, c'est celui des Bataves,

(1) Paroles de M. Fontanes à l'Empereur Napoléon Ier.

C'est encore (et Paris, tu te rappelleras
Qu'il est ton petit-fils), le roi des Scandinaves !...
C'est le czar !! Ce colosse aux cent millions de bras,
Pape et roi ! presqu'un Dieu pour la race des Slaves !
Si nous lui reprochons, hélas ! trop justement,
Pour une sœur aimée un trop dur traitement,
Il a, chez lui, du moins affranchi les esclaves,
Et de serfs abrutis a fait des citoyens...
Le progrès est actif, et de mille moyens
Use pour arriver... à sa divine tâche,
Lorsque la main du czar elle-même s'attache,
Ne désespérons pas ; croyons à l'avenir !.,.
La Pologne, à la vie un jour doit revenir !
Entre les nations la lutte est temporaire,
L'ennemi d'aujourd'hui, sera demain un frère !
Le monde incessamment marche à son unité :
Dieu ne connaît qu'un peuple, et c'est l'humanité !


Salut au possesseur de la terre féconde,
Que le Nil chaque année au mois de mars inonde ;
Sol antique et fameux ! Terre de Pharaon,
De César, d'Alexandre et de Napoléon !...
Où se perdit Antoine et fut tué Pompée !
Que Dieu des dix fléaux par Moïse a frappée !
Terre ! dont un Français, grâce à notre Empereur,
Ressuscite, grandit, assure la splendeur !


Mais voici le plus rare et le plus grand prodige,
Qui, dans les temps passés, eût donné le vertige ;

Puisqu'un doge sembla, visitant nos aïeux,
Pour eux et pour lui-même un être merveilleux :
Que penseraient-ils tous ? en voyant apparaître,
De l'empire Ottoman, le redoutable maître !
Le successeur d'Osman, le Sultan des Sultans !
Le shérif des shérifs ! chef des Mahométans,
Soleil de l'Orient ! Le Padischa lui-même ;
Tout ensemble empereur et pontife suprême !
Qui tient de Mahomet le glaive dans ses mains !...
Jamais à son regard les regards des humains
N'avaient osé répondre, et des foules pressées,
Il n'avait jamais vu que les têtes baissées...
Il saura maintenant que son auguste aspect,
Au lieu de la terreur, inspire le respect ;
(Et de son cœur, sans doute, auront vibré les fibres)!
Que les yeux dans les yeux, il faut des hommes libres,
Chercher les sentiments : à genoux sur vos pas,
Ils ne se jettent point, mais ne vous trompent pas !...
De tout ce qu'il aura vu, son âme étonnée
Gardera souvenir : semence fortunée !
D'où l'avenir fera germer l'égalité !...
Et l'égalité mène à la fraternité !...


Et maintenant, trois fois salut ! honneur et gloire !!
A qui nous a donné cette page d'histoire,
Si digne d'un grand peuple et d'un grand souverain !
Si splendide à graver sur nos tables d'airain !


    Honneur à son puissant génie,
    Qu'illumine la vérité !

Gloire à la tendresse infinie
De son cœur pour l'humanité !
Bénissons sa main tutélaire !
Grâce au flambeau dont elle éclaire
Les droits chemins du vrai progrès,
Point de chute et point de regrets !
Elle nous sauve des abîmes,
Où s'en vont sombrer si souvent,
Malgré des principes sublimes,
Ceux qui bondissent en avant,
Et s'élancent au but sans guides ;
Sans avoir sous leurs pas rapides
Etayé le terrain mouvant ;
Et sans songer, folie amère !
Que, dans sa victoire éphémère,
Arrivant sans maturité,
L'idée, est un fruit avorté !
Dont l'apparence peut séduire,
Mais sans force pour rien produire,
Et qui, loin d'engendrer des rameaux florissants,
Par ce succès d'un jour, recule de dix ans !


Oui, célébrons cette sagesse,
Inaccessible aux passions !
Sans emportements, ni faiblesse,
Sans rêves, ni déceptions !
Marchant, quand elle voit la route,
Et ne craint pas de s'égarer ;
Sachant, dans la nuit ou le doute

S'arrêter et se préparer !...
Ainsi fait le pilote habile
Pour la marche de ses vaisseaux,
La pressant sur la mer tranquille,
L'enrayant sur les grandes eaux !...


Par la paix que l'on doit à sa seule influence,
Le progrès cette année a fait un pas immense !
Et c'est à nous Français qu'en reviendra l'honneur !
Rendons en grâce au ciel, et grâce à l'Empereur ! !


Et devant ceux qu'amène au foyer de la France,
Une sainte rivalité ;
Chantons ! chantons la paix !... elle est notre espérance !
Elle est notre but arrêté !


Fille des cieux, la paix est le bien, l'harmonie !
La guerre est le mal, le chaos !
C'est pour gagner la paix que combat le génie,
Et que périssent les héros !...


Chantez donc avec nous, ô peuples de la terre !
Nous vous ouvrons des bras amis !...
L'Empire ne veut pas réveiller le tonnerre
Que Dieu dans ses mains a remis...

Gardez-vous seulement d'évoquer les orages !...
Marchons unis d'un même pas ;
Et nous irons ensemble aux fortunés rivages,
Où la foudre ne tombe pas.


Bientôt viendront les temps où nos races pareilles
A ces tribus aux corsets d'or,
Laborieux colons qu'enfantent les abeilles,
Dans leurs seins verront leur trésor !...


O bonheur ! plus alors de guerres politiques !
La paix et la fraternité !...
Et du divin progrès les luttes pacifiques
Au soleil de la vérité !

Paris. — Imprime ie Kugelmann, 13, rue Grange-Batelière.